インプレス R&D [NextPublishing]

技術の泉 SERIES
E-Book / Print Book

後悔しないための

Vue
コンポーネント設計

中島 直博 著

テストしやすい
Vue.js コンポーネントとは？
コンポーネント設計に自信がつく！

目次

はじめに ･･･ 6

本書について ･･･ 6

対象読者 ･･･ 6

動作環境など ･･･ 6

免責事項 ･･･ 6

表記関係について ･･･ 7

底本について ･･･ 7

第1章　なぜテストを書くのか ･･ 8

　1.1　なぜ「私」はテストを書くようになったのか ･･･････････････････････ 8

　　　1.1.1　他人に迷惑をかけるコードを書きたくない ･･････････････････ 8

第2章　テストしやすいコンポーネントと、テストしづらいコンポーネント ･････ 10

　2.1　テストしやすい/しづらいコンポーネント ･･･････････････････････ 10

　2.2　機能を少なくシンプルに保つ ･････････････････････････････････････ 10

　2.3　依存は少なく ･･ 10

　2.4　なるべく状態を持たせない ･･･ 13

　　　2.4.1　dataを使うパターン ･･･ 13

　　　2.4.2　状態を作り込まない ･･ 14

　2.5　propsの型指定で避けたほうがいい型 ･･･････････････････････････ 16

　2.6　親子コンポーネント間のやりとり ･･･････････････････････････････････ 16

　　　2.6.1　propsでFunctionを渡す ･･･････････････････････････････････････ 17

　2.7　Storeのgettersに注意 ･･･ 18

　　　2.7.1　rootStateとrootGettersの参照は危険信号 ･･････････････････ 19

　2.8　ライフサイクルフックに直接処理を書かない ･････････････････････ 19

第3章　コンポーネントを分類する ･･････････････････････････････････････ 21

　3.1　コンポーネントの種類を知る ･････････････････････････････････････ 21

　　　3.1.1　Presentational Component ･･････････････････････････････････ 21

　　　3.1.2　Container Component ･･･････････････････････････････････････ 21

　3.2　2種類で足りる？ ･･･ 22

第4章　ディレクトリ構成とコンポーネントの分類 ･･････････････････ 23

　4.1　UIのサンプル ･･ 23

　4.2　basicsディレクトリ ･･ 23

　4.3　componentsディレクトリ ･･ 24

　4.4　containersディレクトリ ･･ 24

4.5 pagesディレクトリ ……………………………………………………………… 24
　　　Nuxt.jsのpagesディレクトリ ……………………………………………… 25

第5章　なにをテストするか …………………………………………………… 26

5.1 テストの対象 ……………………………………………………………………… 26

5.2 コンポーネントのテスト項目 …………………………………………………… 26

5.3 Vuexのテスト …………………………………………………………………… 27

5.4 どうやってテストするか ………………………………………………………… 27

第6章　テスト実行環境の構築 …………………………………………………… 28

6.1 Vue CLIを使った環境構築 ……………………………………………………… 28
　　6.1.1 Vue CLIでプロジェクトを作成する ………………………………… 28
　　6.1.2 テストの実行 …………………………………………………………… 29

6.2 Vue CLI UIを使う ……………………………………………………………… 30
　　6.2.1 Vue CLI UIの実行 …………………………………………………… 30

6.3 テストのサンプル ………………………………………………………………… 35

第7章　テストを書く ……………………………………………………………… 36

7.1 サンプルアプリケーション ……………………………………………………… 36

7.2 テストの実行方法 ………………………………………………………………… 36

7.3 ディレクトリとファイル構成 …………………………………………………… 37

7.4 Jestの使い方と機能 ……………………………………………………………… 38
　　7.4.1 テストランナーとは …………………………………………………… 38
　　7.4.2 アサーション（expect）……………………………………………… 38
　　7.4.3 describeとit …………………………………………………………… 39
　　7.4.4 スナップショットテスト ……………………………………………… 39

7.5 vue-test-utils …………………………………………………………………… 40
　　7.5.1 mountとshallowMount ……………………………………………… 40
　　7.5.2 コンポーネントラッパー ……………………………………………… 40
　　7.5.3 使用頻度の高い関数 …………………………………………………… 40

7.6 basicのテスト …………………………………………………………………… 41
　　7.6.1 SiteTitle.vue …………………………………………………………… 41
　　7.6.2 スナップショットテストの実行 ……………………………………… 43

7.7 componentのテスト ……………………………………………………………… 43
　　7.7.1 Menu.vueとMenuItem.vue ………………………………………… 43

7.8 containerのテスト ……………………………………………………………… 46
　　7.8.1 GlobalHeader.vue ……………………………………………………… 47
　　7.8.2 テストでVuexを使う ………………………………………………… 48

7.9 pageのテスト …………………………………………………………………… 49
　　7.9.1 Root.vue ………………………………………………………………… 49
　　7.9.2 Vue Routerのテスト ………………………………………………… 50

付録A　テストコード ……………………………………………………………… 53

目次　3

A.1　SiteTitle.spec.js ··· 53

A.2　Menu.spec.js ··· 53

A.3　MenuItem.spec.js ··· 55

A.4　GlobalHeader.spec.js ··· 56

A.5　Root.spec.js ··· 58

あとがき ··· 61

はじめに

本書について

　本書は、筆者が業務および個人プロジェクトで得たVue.jsを使う際の知見をもとにしたものです。扱っている内容は主に次のとおりです。

・コンポーネントの設計およびプロジェクトのディレクトリ構成
・テストしやすい／しづらいコンポーネントとは
・コンポーネントの何をテストするか
・単体テストの書き方

対象読者

　本書が想定する主な対象読者は、Vue.jsを使っている、もしくはVue.jsを使ってシングルページアプリケーションを作成したいと考えている方になります。中でも次のような方は特に学びを得られる部分があるでしょう。

・コンポーネントの設計に自信がない方
・コンポーネントの分類で悩んでいる方
・コンポーネントのアンチパターンを知りたい方
・テストの書き方がわからない方

動作環境など

　本書の内容は、次の環境での動作を前提としています。

・OS: macOS High Sierra
・Vue CLI: v3.0.1
・Vue.js: v2.5.17
・vue-router": v3.0.1
・vuex: v3.0.1
・Node.js: v10.7.0
・npm: v6.1.0

　本書で紹介するコードは、.vueによるシングルファイルコンポーネントでの開発を想定しています。

　本書で紹介しているコードは、次のリポジトリから自由にダウンロード/cloneして使えます。

https://github.com/nakajmg/testable-vue-component-sample

免責事項

　本書で使われている**テスト**という単語は、コンポーネントの単体テスト（ユニットテスト）およ

び、コンポーネント同士の結合テスト（インテグレーションテスト）を指しています。E2Eテスト
やリグレッションテストについては触れていませんのでご了承ください。

　また、本書に記載された内容は、情報の提供のみを目的としています。したがって、本書を用い
た開発、製作、運用は、必ずご自身の責任と判断によって行ってください。これらの情報による開
発、製作、運用の結果について、著者はいかなる責任も負いません。

表記関係について

　本書に記載されている会社名、製品名などは、一般に各社の登録商標または商標、商品名です。
会社名、製品名については、本文中では©、®、™マークなどは表示していません。

底本について

　本書籍は、技術系同人誌即売会「技術書典5」で頒布されたものを底本としています。

第1章 なぜテストを書くのか

「なぜテストを書くのか」「なぜテストが必要なのか」「テストの有用性」などなど、テストの必要性を説く文章は検索すればいくらでも出てくるでしょう。しかし本書では「なぜテストが必要なのか」といった一般化したテーマの内容は書いていません。

この章では筆者である「私」がなぜテストを書くようになったかを紹介します。興味がなければ次の章へと進んでください。

1.1 なぜ「私」はテストを書くようになったのか

筆者がVue.jsを使いだしたのはv0.10のころで、以降4年以上にわたって大小さまざまなプロジェクトでVue.jsを使ってきました。しかしながら、テストに真剣に向き合うようになったのはここ1年以内くらいのことです。

きっかけは、Backbone.jsで組まれた既存のSPAをVue.jsで作り直す案件での経験です。この案件は仕様書の更新がされておらず、既存アプリの動作=仕様になっている状態でした。

この時、筆者はベースの実装をほぼ全て行いました。CSSを現行のものをそのまま使う、という判断ミスもあり、複雑怪奇なCSSに引きずられてコンポーネントの分割がかなり雑になり、テストも書きませんでした。なんとか要件を満たすように実装が完了したこの案件は、その後運用フェイズへと入りました。

運用フェイズが数ヶ月したころ、筆者が他の新規案件を担当することになり、同僚が運用を代わることになりました。

そのときになって改めてコードを見てみると、コンポーネントにべったりと張り付いたさまざまな依存やめちゃくちゃなStoreと無数のgetters、流れがわかりづらい初期化処理などなど、とても人に引き渡せるようなコードではありませんでした。

テストがない状況で引き継がれた当人にとっては、小さなバグの修正だとしても、何が正しい動作でどこに影響が出るかを把握するのは難しいでしょう。これは通常のJavaScriptではなく、VueやReactのようなUIコンポーネントではなおさらです。

せめてテストだけでも書いておけば、しっかりコンポーネントを分割できる判断ができれば、と申し訳なさと後悔を覚えました。

1.1.1 他人に迷惑をかけるコードを書きたくない

テストを書けば全てが解決するとは思いませんが、テストがあるだけで解決できる問題や状況はあると思います。

せめて自分が書いたコードで他人に迷惑をかけないように、テストを書いていこう。そしてコンポーネントをよりよい状態に分割できる知識を身に着けようと思いました。

ここでいう**他人**とは、自分以外だけでなく、自分も含まれています。書いたあと1ヶ月も経てば、書いたコードのことは覚えてないことがほとんどです。テストを書かずに動くものが作れたとしても、それは未来の自分への借金、もしくは他の人へとコストを押し付けることにしかならないと筆者は考えています。

第2章　テストしやすいコンポーネントと、テストしづらいコンポーネント

　この章では、どういったコンポーネントがテストしやすく、どういったコンポーネントがテストしづらいのかについて、筆者の経験を踏まえた考えを紹介します。

2.1　テストしやすい/しづらいコンポーネント

　筆者が考えるテストしやすいコンポーネントとは、次のようなものです。
・機能が少ない
・依存がない/少ない
・状態をもたない
　また、これらの項目のひとつでも逆をいくコンポーネントは、テストしづらいといえます。
　これらの項目が、どうテストのしやすさと結びつくのかについて解説します。

2.2　機能を少なくシンプルに保つ

　コンポーネントの機能が少なければ少ないほど、テストはしやすくなります。ここでの**機能**とは、methodsの数ではなく、コンポーネントが担う役割のことです。
　propsで受け取った値を表示するだけでなく、dataで自身の状態を操作したり、レンダリングのためにcomputedで複雑な計算をいくつもしたりといったコンポーネントは**機能**が多く、テストしづらいといえます。
　もしコンポーネントの機能が多いなと感じたら、それはコンポーネントの役割がうまく分割できていないサインかもしれません。役割を見極めて、ちょうどいい粒度でコンポーネントを分割できると、アプリケーションの構造としても、テストのためにもよいのです。

2.3　依存は少なく

　コンポーネントが依存しているものが少なければ少ないほど、テストはしやすくなります。
　依存の数は、そのコンポーネントの再利用性にも関わってきます。たとえば、VuexのStoreやRouterにべったり依存したようなコンポーネントは、他の場所や用途で使うのは難しいでしょう。

リスト2.1: 依存の多いコンポーネント

```
<template>
  <div>
    <div
      v-for="item in items"
```

```
      :key="item.id"
    >
      <span>{{item.label}}</span>
      <button @click="clickItem(item)">
        {{item.label}}
      </button>
    </div>
  </div>
</template>

<script>
import { mapState } from "vuex"
export default {
  name: "BigComponent",
  computed: {
    ...mapState(["items"]),
  },
  methods: {
    clickItem(item) {
      this.$router.push({
        name: "itemDetail",
        params: {
          name: item.name,
          id: item.id,
        },
      })
    },
  },
}
</script>
```

　依存を少なくするには、コンポーネントの役割を分割することが大事になります。たとえばリスト2.1の例では、Storeから値を取り出すコンポーネントと値を表示するコンポーネントに分けることで、値を表示するコンポーネントは他の場所でも使えるようになります。

リスト2.2: Storeから値を取り出すコンポーネント: Container.vue

```
<template>
  <div>
    <Item
      v-for="item in items"
      :key="item.id"
```

第2章　テストしやすいコンポーネントと、テストしづらいコンポーネント 11

```
      v-bind="item"
      @clickItem="onClickItem"
    />
  </div>
</template>

<script>
import { mapState } from "vuex"
export default {
  name: "BigComponent",
  computed: {
    ...mapState(["items"]),
  },
  methods: {
    onClickItem(item) {
      this.$router.push({
        name: "itemDetail",
        params: {
          name: item.name,
          id: item.id,
        },
      })
    },
  },
}
</script>
```

リスト2.3: 値を表示するコンポーネント: Item.vue

```
<template>
  <div>
    <span>{{label}}</span>
    <button @click="clickItem">
      {{label}}
    </button>
  </div>
</template>

<script>
export default {
  name: "Item",
  proops: {
```

```
    id: Number,
    name: String,
    label: String,
  },
  methods: {
    clickItem() {
      this.$emit({
        id: this.id,
        name: this.name,
      })
    },
  },
}
</script>
```

　このように、コンポーネントはできるだけ依存の少ない状態にしておくと、変更や修正がしやすく、テストも容易になります。

　コンポーネントの分割については第3章「コンポーネントを分類する」と第4章「ディレクトリ構成とコンポーネントの分類」で解説します。

2.4　なるべく状態を持たせない

　状態を持たないコンポーネントはテストしやすくなります。逆をいうと、状態を持っているコンポーネントはテストがしづらくなります。

　状態をもっているコンポーネントとは、dataを利用しているコンポーネントや、propsの特定の値によって振る舞いが大きく変わるようなコンポーネントを指します。後者のような値によって振る舞いが変わるような状況は、**状態を作り込んでいる**と表現されることもあります。

2.4.1　dataを使うパターン

　筆者はコンポーネントでのdataの利用を最小限にするように努めています。筆者が思うdataを使うために適した状況とは、アプリケーション全体の振る舞いに関与しない、そのコンポーネントに閉じた状態を扱う場合だと考えています。

　たとえば、次のようなクリックしたら展開されるメニューを制御するときは、状態がコンポーネントに閉じていて、アプリケーションには影響を与えません。

リスト2.4: コンポーネントに閉じた状態

```
<template>
  <nav>
    <div v-show="menuOpened">
      <router-link to="/">Root</router-link>
```

第2章　テストしやすいコンポーネントと、テストしづらいコンポーネント　13

```
      <router-link to="/foo">Foo</router-link>
      <router-link to="/bar">Bar</router-link>
    </div>
    <button @click="toggleMenu">
      Open Menu
    </button>
  </nav>
</template>

<script>
export default {
  name: "Menu",
  data() {
    return {
      menuOpened: false,
    }
  },
  methods: {
    toggleMenu() {
      this.menuOpened = !this.menuOpened
    },
  },
}
</script>
```

　リスト 2.4 のようなパターン以外に、フォームの入力項目なども data に格納します。フォームの入力は一時的な入力で、コンポーネントに閉じた状態ですので、data で持つのが適しているでしょう。

　コンポーネントの状態を絶対の悪として、すべての値を Vuex Store に格納するような使い方をしている方がたまに見受けられますが、コンポーネントに閉じた状態までも制限するような使い方は、無用な複雑性を生み出す結果に繋がりかねません。適材適所を見極めて data とうまく付き合っていくのが、状態管理疲れしないためにも必要です。

2.4.2　状態を作り込まない

　props で状態を作り込んでしまうパターンとしてよくあるのは、props で渡された mode や type といったプロパティの値によって、そのコンポーネントの動作が大きく変わるものが挙げられます。このような作りにしてしまうと、コンポーネント内部で if (mode === "edit") {...} や <div v-if="mode === 'edit'">...</div> といった条件によって変わるものが増え、コンポーネントが複雑なものになります。

　このような、状態を作り込んでしまうパターンは、**機能が見た目的に似ている場合**に起こりやすい

です。ありがちな例として、次のようなリンクとボタンのふたつの機能を切り替えられるコンポーネントを見てみましょう。

リスト2.5: LinkOrButton.vue

```
<template>
  <div class="LinkOrButton">
    <a class="LinkOrButton_Link"
      v-if="href"
      :href="href"
    >
      {{label}}
    </a>
    <button class="LinkOrButton_Button"
      v-if="clickHandler"
      @click="clickHandler"
    >
      {{label}}
    </button>
  </div>
</template>

<script>
export default {
  name: "LinkOrButton",
  props: {
    label: String,
    href: String,
    clickHandler: Function,
  },
}
</script>
```

リスト2.5では、propsで受け取る値によって、v-ifで表示の切り替えをしています。これはhrefとclickHandlerがこのコンポーネントの**状態**として機能しています。

「リンクにもボタンにも使えていいじゃん。見た目一緒だし」と思う方もいるかもしれませんが、**見た目が似ていても、役割が別なら別のコンポーネント**として作成するのが、アプリケーションにも、テストにもいい方法です。

たとえコンポーネントを作成するときにコストがかかったとしても、拡張や修正といった作業を行うときに、払った分のコストに見合うようなリターンが得られると筆者は考えています。

「**見た目が似ていても、役割が別なら別のコンポーネント**」、大事なことなので何度でもいいます。

第2章　テストしやすいコンポーネントと、テストしづらいコンポーネント　│　15

2.5 propsの型指定で避けたほうがいい型

筆者は普段、コンポーネントのpropsの型指定を、できるだけ次のいずれかの型で指定するようにしています。

- Number
- String
- Array
- Object
- Boolean

多くの場合、アプリケーションのデーターはAPIからJSONで受け取って使います。つまりこれらはJSONで表現が可能な型です。言い換えれば、これ以外の型を指定した場合はpropsで渡す前に変換の作業が必要になります。

たとえばDateを指定している場合、コンポーネントにわたす前にnew Date(dateTime)といった変換を行うことになり、テストが複雑になります。

リスト2.6: propsでDateを受け取る場合

```
import mockItem from "./mockData/item.json"

describe('MyComponent', () => {
  it('props', () => {
    const wrapper = mount(MyComponent, {propsData: {
      ...mockItem,
      date: new Date(mockItem.date)
    }})
    //...
  })
})
```

これはデーターを取得する時だけでなくデーターを保存する時も同様で、APIを使ってJSON形式で保存する場合、Dateから元の形式へと再度変換する必要がでてきます。日時を表示するような場合には、コンポーネントは文字列か数値として受け取り、表示する際にnew Dateや日時操作系のライブラリで変換するようにすることをお勧めします。

2.6 親子コンポーネント間のやりとり

Vueコンポーネントの親子間のやりとりは、親コンポーネントがpropsでデーターを渡し、子コンポーネントからは$emitによって親へメッセージを送るパターンが推奨[1]されています。

これは **props down events up** と呼ばれているパターンで、Vue.jsの文脈では有名なものです。

1.Vue.js スタイルガイド https://jp.vuejs.org/v2/style-guide/index.html

16 | 第2章 テストしやすいコンポーネントと、テストしづらいコンポーネント

このパターンで親子コンポーネント間のやり取りの手順を一定にすると、データーのやり取りは親のv-onと子の$emitに注目すればよくなり、コードの理解が簡単になります。一貫した手順はコンポーネントのテストのコストを下げる助けにもなるでしょう。

2.6.1　propsでFunctionを渡す

props down events upが推奨される一方で、propsではFunctionを受け取ることができます。たとえば、次のリスト2.7とリスト2.8は動作的には同じようなものになります。

リスト2.7: props down, events up

```
<template>
  <Child
    v-for="item in items" v-bind="item"
    v-on:clickChild="onClickChild"
  />
</template>


<script>
export default {
  methods: {
    onClickChild(item) {/* ... */}
  },
  components: { Child },
}
</script>
```

リスト2.8: props down, events up

```
<template>
  <Child
    v-for="item in items" v-bind="item"
    :clickHandler="childClickHandler"
  />
</template>

<script>
export default {
  methods: {
    childClickHandler(item) {/* ... */}
  },
  components: { Child },
}
</script>
```

第2章　テストしやすいコンポーネントと、テストしづらいコンポーネント

リスト2.7ではChildで何かがクリックされたときに$emitで親に**clickChildイベント**を伝えて、親がそのイベントをv-onで購読して関数を実行します。対して、リスト2.8では、propsでクリックされたときに実行する関数を受け取り、クリックされたときにChildコンポーネントがその関数を実行します。

動作的には同じになりますが、親子コンポーネント間でやり取りをする方法としては異なるものです。

ではどちらの方法で親子間のやりとりをするのがいいのか、という疑問が湧いてくるわけですが、**筆者は親子コンポーネント間でのやり取りの方法がプロジェクト内で統一されていればどちらでもいい**と考えています。propsでFunctionを渡すパターンはReactではごく普通の方法です。

どちらを使えばいいのかは、プロジェクトに関わる人の属性によっても変わるでしょう。Reactの経験者が多ければ、Functionを渡す方法を全面的に採用するのは理にかなっていることだと思います。大事なのは**プロジェクト内でコンポーネント間のやり取りにルールを設ける**ことだと筆者は考えています。

ただし、**propsの型指定で避けたほうがいい型**で紹介したように、コンポーネントの設計次第で、テストの際には空のFunctionやモック関数を渡す必要がでてくることは気に留めておく必要があります。

2.7 Storeのgettersに注意

APIから受け取ったデーターを、VuexのStoreに格納して使う場面があります。このとき、gettersでViewに寄せたようなデーターを作成して利用していると、テストの際に一手間増えることに注意が必要です。

たとえば次のようなgettersの場合を考えてみます。

リスト2.9: viewに寄せたgetters

```
export default {
  todos(state) {
    return state.originalTodos.map(todo => {
      // todoを加工する処理
      return todo
    })
  },
}
```

リスト2.9では、元のoriginalTodosに対して、加工する処理を行っています。gettresに定義したこのtodosを使うコンポーネントは、テストを行う際に、このgettersの処理を通す必要があります。

18 第2章 テストしやすいコンポーネントと、テストしづらいコンポーネント

2.7.1 rootStateとrootGettersの参照は危険信号

gettersが、state以外の値を参照しているときは特に注意が必要です。それはnamespacedなモジュールのgettersから、他のnamespacedなモジュールのstateやgettersを、rootGettersやrootStateを使って参照している場合です。

stateだけを加工する処理であれば、gettersをimportして使うのも容易ですが、namespacedなモジュールをrootGettersやrootStateで参照しているケースは、テストデーターの作成も非常に難しいものになります。

リスト2.10: やばいgetters

```
yabaiGetter(state, getters, rootState, rootGetters) {
  const userTodos = getters.todos.filter(todo => {
    return todo.author === rootState.userName
  })
  return userTodos.filter(todo => {
    return new Date(todo.date).getMonth()
      === rootGetters["dateModule/currentDate"]getMonth()
  })
},
```

リスト2.10は極端な例ですが、このgetters自身や、このgettersを使うコンポーネントのテストを想像してみてください。ひとつのテストのために、state、getters、rootGetters、rootStateを再現するようなモックデーターを用意しなければならなくなります。テスト用に完璧なStoreを準備すればいいと思うかもしれませんが、コンポーネントもしくはこのgettersが変更されたときのコストを考えると、無用な複雑性を作りこんでいると筆者は考えます。

もしnamespacedなモジュールをrootGettersやrootStateから使わなければならないようなコードを書いている場合は、Storeのデーターやモジュールの分け方を再考することを、筆者の苦い経験からお勧めします。

2.8 ライフサイクルフックに直接処理を書かない

コンポーネントの各種ライフサイクルフックに、thisの値を参照したり$emitしたりといった処理を直接書くこともあるかと思います。しかしながら、これがテストを妨げる要因となることがあります。

Vueコンポーネントのテストで使うvue-test-utils[2]は、ライフサイクルのメソッドをmock関数に差し替えることができません。ですので、ライフサイクルのメソッド内に処理が直接書かれている場合、その処理を止めたりスキップしたりといったことができません。

2.https://vue-test-utils.vuejs.org/ja/

リスト2.11: ライフサイクルに直接書く

```
mounted() { // mock化できない
  this.wrapperClientHeight = this.$refs.wrapper.clientHeight
},
```

通常のmethodsはmock化できるので、ライフサイクルの中からmethodsに定義した関数を実行するようにしておくことで、この問題を回避できます。

リスト2.12: ライフサイクルからメソッド呼び出し

```
mounted() {
  this.setWrapperClientHeight()
},
methods: {
  setWrapperClientHeight() { // mock化できる
    this.wrapperClientHeight = this.$refs.wrapper.clientHeight
  }
}
```

vue-test-utilsのissueやPRsを見る限りvue-test-utilsの開発陣は、Vueの内部動作に関わる部分を変更するような路線には進みたくないようです[3]。

ライフサイクルの処理は、少々めんどうでも関数として切り出しておくことをお勧めします。

3.https://github.com/vuejs/vue-test-utils/pull/167#issuecomment-359250469

20 | 第2章 テストしやすいコンポーネントと、テストしづらいコンポーネント

第3章　コンポーネントを分類する

　Vue.jsのプロジェクトでは、Vueコンポーネントを/componentsディレクトリに格納することが多いかと思います。しかし一口にコンポーネントと言っても、その機能や役割はさまざまです。

　特に大きさ（粒度）の異なるコンポーネントをすべて同じ階層に入れてしまうと、大きなコンポーネントに引きずられて適切にコンポーネントの分割ができないことも起こりえます。

3.1　コンポーネントの種類を知る

　コンポーネント指向のフロントエンドの開発において、よく知られたコンポーネント分類のパターンがあります。それはコンポーネントを**Presentational Component**と**Container Component**のふたつに分けて考えるパターンです。

3.1.1　Presentational Component

　Presentational Componentは主にpropsで受け取った値を表示する役割を担います。Presentational Componentには、多くの場合次のような制約を持たせます。

- アプリケーションの構造や機能に依存しない
    - —StoreやRouterなどの存在を知らず、依存しない
- データーの読み込みや、変更方法を定義しない
- ライフサイクルフックを極力使わない
- コンポーネント独自の状態を持たせない
    - —Formや、そのコンポーネントに閉じた状態を扱う場合を除く

　Vueコンポーネントの場合、Presentational Componentは受け取った値を表示し、コンポーネントでアクションが起こった場合には$emitを使って上位のコンポーネントに処理を委ねる、という形を取ることになります。

3.1.2　Container Component

　Container Componentはアプリケーションの振る舞いを定義する役割を担います。主な役割は次のようなものです。

- 下位のコンポーネントの振る舞いを定義する
- Storeのデーターやcommit/actionを扱う

　Container Componentはデーターの読み込み方法や、StoreやRouterなどのアプリケーション内の機能を知っています。読み込んだデーターはpropsを経由してコンポーネントに渡し、コンポーネントからのイベントでStoreのcommitやRouterの機能などを呼び出します。

3.2 　2種類で足りる？

　コンポーネントの種類について、Presentational Component と Container Component という2つ
の大きな分類について解説しましたが、実際のプロジェクトではこの2つだけでコンポーネントを
きれいに分割するのは困難でしょう。分類の粒度が大きく、人によって捉え方が異なったものにな
るのがコンポーネント指向開発の難しいところです。

　次章の第4章「ディレクトリ構成とコンポーネントの分類」では、筆者がプロジェクトを進める
上で採用しているディレクトリ構造と、それに基づいたコンポーネントの分類について解説します。

第4章　ディレクトリ構成とコンポーネントの分類

筆者は普段、コンポーネントを次の4つのディレクトリに分けて、アプリケーションを構築しています。

- basics
- components
- containers
- pages

これらのディレクトリ名は、コンポーネントの分類と対応しています。エディタのファイルツリーなどでコンポーネントの大きさ（粒度）順に並ぶように命名しており、basicsが一番小さく、pagesが一番大きいコンポーネントの単位になります。

このあとの紹介ではそれぞれのディレクトリに入れるコンポーネントを、ディレクトリ名からsを取り除いた形で次のように呼ぶことにします。

- **basic**
- **component**
- **container**
- **page**

4.1　UIのサンプル

それぞれのコンポーネントの分類は、GitHub.comのトップページの**ヘッダー**を分解していく形で解説します。

図4.1: GitHubのヘッダー

4.2　basicsディレクトリ

basicsディレクトリに格納する**basic**は、単体で機能が成立するようなコンポーネントの最小単位です。筆者が図4.1のヘッダーから**basic**に分割するとしたら、次の項目を**basic**とします。

・ロゴ

・検索入力

・通知のベルマーク

・＋アイコン

・ユーザーアイコン

Pull requestsなどメニューの項目ひとつひとつを分解すれば**basic**になりそうですが、メニューの項目を単体で使うことはなかなかないように思います。同じように、メニューを展開する下向き矢印のアイコンも、クリックで開くメニューとセットとしてコンポーネントに切り出します。

最初から限界まで小さい単位でコンポーネントを考えると、無用な複雑性と冗長性を生み出す原因になると筆者は考えています。ですので、単体で機能するものを見極めて**basic**として定義し、それらを**component**などで組み合わせていくのが、コンポーネント分割でのベストな方法ではないかと思います。

4.3　componentsディレクトリ

componentsディレクトリに格納する**component**は、**basic**または**component**を組み合わせたり、協調動作させるのが役割になります。

図4.1のヘッダーの中では、次の項目を**component**とします。

・メニュー

・下向き矢印のアイコンと、クリックで開くメニュー

・通知やアイコンと、クリックで開くメニューのセット

4.4　containersディレクトリ

containersディレクトリに格納する**container**は、自身より小さいコンポーネントである**component**と**basic**にデーターを受け渡すのが主な役割です。特徴としては次のようなものです。

・Storeを直接参照できる

・データーの読み込みや変更を行える

・**component**同士を協調させる

・**component**と**basic**を含むことができる

・**component**や**basic**のレイアウトを行う

図4.1のヘッダーの中では、次の項目を**container**とします。

・ヘッダー全体

4.5　pagesディレクトリ

pagesディレクトリに格納する**page**は、Vue Routerのroutesに指定するコンポーネントです。**page**の特徴は次のようなものになります。

・StoreやRouterを直接参照できる

・データーの読み込みや変更を行える

・**page**以外のコンポーネントを含むことができる

・**container**のレイアウトを行う

pageはアプリケーション全体の機能を知っていて、必要に応じてStoreの値を操作したり、Routerの機能を使います。必要であれば格納するコンポーネントのレイアウト用のスタイルを追加します。

図4.1全体が**page**になります。

Nuxt.jsのpagesディレクトリ

Nuxt.jsを使ったことがある方であれば、pagesディレクトリに馴染みがあるかと思います。本書で解説しているpagesディレクトリは、筆者がNuxt.jsから影響を受けて名付けたものですので、ほぼ同一のものだと捉えてください。

第5章　なにをテストするか

　Vueコンポーネントは、JavaSciprtだけでなくHTMLとCSSも含むUIコンポーネントです。通常のJavaScriptであれば、関数の入力と出力をテストの対象としますが、Vueコンポーネントの場合はコンポーネントに与えるpropsやcomputed、テンプレートからのイベントで呼び出されるmethodsなど、コンポーネント全体の振る舞いがテストの対象となります。

　コンポーネントのテストは、細かくやろうと思えばキリがないくらいに項目が挙げられます。しかし、細かすぎるテストは追加/更新がつらくなりがちです。コンポーネントをテストがしやすい状態を保つのも大事なことですが、うまく手を抜いていくこともテストを継続していくためには必要だと筆者は考えています。

5.1　テストの対象

　筆者が普段コンポーネントのテスト項目としているものは、templateとscriptのふたつがメインです。styleによる見た目に関わる部分については、項目として挙げません。

　レンダリング結果のHTMLについては第7章「テストを書く」で解説するスナップショットによるテストを行いますが、よほどプロダクトのコアに関わる部分でない限り、リグレッションテストなどは行いません。

　条件によってCSSのクラスを付け替えるのは、templateのテストの範囲内ですので、テストの対象としています。

5.2　コンポーネントのテスト項目

　コンポーネントのテスト項目とするのはおもに次のようなものです。
- templateで次の項目が正しく動作するか
  - 正しくレンダリングされているか
  - v-on
  - v-bind:class
  - v-bind:attrs
- propsが正しく受け取れるか
- methodsが正しく動作するか
- $emitでイベントが正しく発火するか
- slotが正しく動作するか
- コンポーネント同士が正しく協調しているか

項目の最後にある**コンポーネント同士が正しく協調しているか**は結合テストを雑に総称したもの

で、それ以外はいわゆる単体テストになります。

　単体テストでコンポーネント単体の動作をしっかり担保して、結合テストでコンポーネント同士の協調動作を確認します。

5.3　Vuexのテスト

　本書では詳しくは解説しませんが、必要であればVuex Storeのmutationsやactions、gettersについてもテストを行います。これらVuexの機能は、それぞれはただの関数ですので、通常の関数のテストと同じように行っていきます。

5.4　どうやってテストするか

　本章ではなにをテストするかについて紹介しましたが、では実際にテストを書こうと思うと手が止まってしまうかもしれません。第6章「テスト実行環境の構築」と第7章「テストを書く」では、プロジェクトにテスト環境を構築する方法と、コンポーネントのテストの書き方について紹介します。

第6章　テスト実行環境の構築

本章ではテスト環境の構築と、テストの書き方について解説します。

まず、Vueコンポーネントのテストを実行するための環境を構築していきましょう。

6.1　Vue CLIを使った環境構築

これから新しいプロジェクトを作成するのであれば、Vue CLI v3[1]を使った環境構築を強く推奨します。Vue CLIを使ったテスト環境の構築はとても簡単です。まだテストを書いたことがない方でも、Vue CLIを使えばテスト実行環境の構築とテストの実行がすぐに行えます。

6.1.1　Vue CLIでプロジェクトを作成する

次のコマンドは、Vue CLIによるプロジェクトの新規作成を行うものです。

```
$ npx vue create my-project
```

このコマンドを実行すると、次のように対話形式でプリセットの選択を求められます。

```
Vue CLI v3.0.1
? Please pick a preset: (Use arrow keys)
> ts (vue-router, vuex, sass, babel, typescript, pwa, eslint, unit-jest)
  js (vue-router, vuex, sass, babel, pwa, eslint, unit-jest)
  default (babel, eslint)
  Manually select features
```

tsとjsプリセットにあるunit-jestという項目に、Jestというテストランナーを使った環境構築を含んでいます。このふたつのどちらかを選択すると、テスト環境を含む新規プロジェクトがすぐに作成されます。

プリセットではなく自分で使用したいものを選ぶ場合は、**Manually select features**を選択して、次に表示される**Unit Testing**を選択します。

```
Vue CLI v3.0.1
? Please pick a preset: Manually select features
```

1.https://cli.vuejs.org/

```
? Check the features needed for your project:
 ⊙ Babel
 ○ TypeScript
 ○ Progressive Web App (PWA) Support
 ○ Router
 ○ Vuex
 ○ CSS Pre-processors
 ⊙ Linter / Formatter
>⊙ Unit Testing
 ○ E2E Testing
```

項目を選んでいくと、テストに使うテストランナーの選択が表示されるので、**Jest**を選択します。

```
? Pick a unit testing solution:
  Mocha + Chai
> Jest
```

次の選択として各種設定を**package.json**に書くか、それぞれをファイルとして出力するかが表示されます。

```
? Where do you prefer placing config for Babel, PostCSS, ESLint, etc.? (Use arrow
keys)
> In dedicated config files
  In package.json
```

Jestの設定は編集する頻度がそれほど高くないので、プロジェクト直下にファイルが増えることを避けたい方は**package.json**を選択するとよいかと思います。

6.1.2 テストの実行

Vue CLIで作成したプロジェクトの**package.json**には、scriptsにtest:unitというコマンドが用意されているので、これを実行するとテストが実行できます。

実行すると次のようなテスト結果が出力されます。

```
$ npm run test:unit

> my-project@0.1.0 test:unit /path/to/test/my-project
> vue-cli-service test:unit


 PASS  tests/unit/HelloWorld.spec.js
  HelloWorld.vue
```

第6章 テスト実行環境の構築 29

```
    ✓ renders props.msg when passed (20ms)

Test Suites: 1 passed, 1 total
Tests:       1 passed, 1 total
Snapshots:   0 total
Time:        1.629s
Ran all test suites.
```

6.2 Vue CLI UIを使う

Vue CLIには、コマンドラインからだけでなくGUIで選択しながらプロジェクトを作成する方法である**Vue CLI UI**というものが用意されています。

6.2.1 Vue CLI UIの実行

次のコマンドでVue CLI UIを実行します。

```
$ npx vue ui
```

実行すると図6.1のようにローカルサーバが起動して、ブラウザで開かれます。Vue CLI UIではプロジェクトの作成だけでなく、プロジェクトの管理や、npmからのパッケージのインストールなどがGUI上で行えます。

図6.1: Vue CLI UI プロジェクト一覧

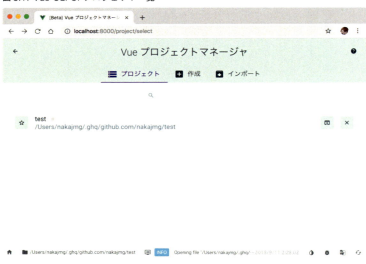

プロジェクトの作成

次に**作成**タブを選択すると図6.2のようにディレクトリを選択と、プロジェクトを作成するボタンが表示されます。

図6.2: Vue CLI UI プロジェクト作成

プロジェクト作成のボタンを押すと、図6.3のように新しいプロジェクト作成の画面になります。プロジェクト名を入力し、好みに応じてオプションを選択していきます。

図 6.3: Vue CLI UI 新しいプロジェクトの作成

機能の選択で **Unit Testing** を有効にして、次に進みます。

図6.4: Vue CLI UI 機能の選択

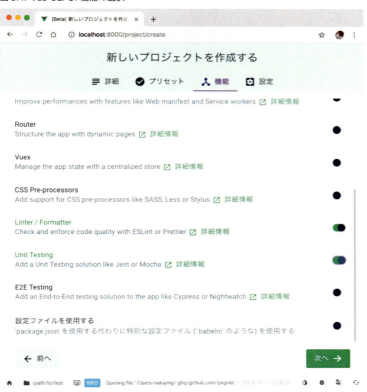

Pick a unit testing solutionでJestを選択してプロジェクトの作成は完了です。

図 6.5: Vue CLI UI Jest を選択する

　必要なプラグインのインストールが完了すると、プロジェクト内のタスク（npm scripts）の一覧が表示されます。Vue CLI UIでは、**package.json**のscriptsにあるタスクを、GUIで起動することができます。

テストの実行

図 6.6: Vue CLI UI タスク一覧

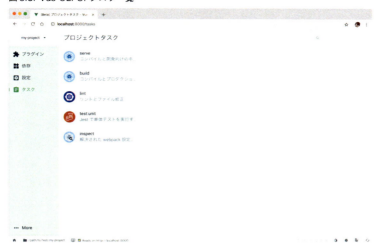

テストを実行する場合には、コマンドラインから`npm run test:unit`を実行するか、GUIから`test:unit`を実行します。

6.3　テストのサンプル

Vue CLIでテスト環境を構築すると、testディレクトリに`HelloWorld.spec.js`というファイルが生成されます。このファイルは`src/components/HelloWorld.vue`のテストファイルです。

リスト6.1: テストのサンプル

```javascript
import { shallowMount } from "@vue/test-utils";
import HelloWorld from "@/components/HelloWorld.vue";

describe("HelloWorld.vue", () => {
  it("renders props.msg when passed", () => {
    const msg = "new message";
    const wrapper = shallowMount(HelloWorld, {
      propsData: { msg }
    });
    expect(wrapper.text()).toMatch(msg);
  });
});
```

リスト6.1は、コンポーネントのpropsに渡した値が、期待どおりにレンダリングされるかをテストしています。このテストファイルを読めば、テストの書き方を把握できるかと思います。

環境が構築できたら次は実際のテストの書き方です。

第7章 テストを書く

　本章ではVueコンポーネントのテストの書き方について紹介します。テストを実行するテストランナーには**Jest**を、コンポーネントを操作するライブラリとして**vue-test-utisl**を使います。

7.1 サンプルアプリケーション

　テストを書いていく対象として、サンプルのアプリケーションを用意しました。

図 7.1: top

　機能としては、ヘッダーのコンポーネントで、/ページと/aboutページを切り替えるだけのシンプルなものになっています。
　解説では主要なテストケースに限定しています。全てのテストケースはソースコードか、付録A「テストコード」を参照してください。

7.2 テストの実行方法

　テストの実行は、次のコマンドで行います。

```
$ npm run test:unit
```

> ## Vue CLIで作成したプロジェクトのテストでエラーが起きるときは
>
> Vue CLI v3で作成したプロジェクトで、`npm run test:unit`を実行したときに、次のようなエラーが表示される場合があります。
>
> リスト7.1: テスト実行時のエラー
>
> ```
> SyntaxError: Unexpected string
>     at ScriptTransformer._transformAndBuildScript
>     (node_modules/jest-runtime/build/script_transformer.js:403:17)
> ```
>
> その場合、`jest.config.js`に次のように`cache: false`を加えてみてください。
>
> リスト7.2: jest.config.js
>
> ```
> module.exports = {
>   // ...省略
>   cache: false,
> }
> ```
>
> これでも直らない場合には、次のissueのコメントにある対策をいくつか試してみてください。
> Default unit tests are failing -https://github.com/vuejs/vue-cli/issues/1879

7.3　ディレクトリとファイル構成

サンプルアプリケーションの/src配下の、ディレクトリ構造と、ファイル構成は次のようになっています。

```
./src
├── App.vue
├── assets
├── basics
│   ├── Logo.vue
│   └── SiteTitle.vue
├── components
│   ├── Menu
│   │   └── MenuItem.vue
│   └── Menu.vue
├── containers
│   └── GlobalHeader.vue
├── pages
│   ├── About.vue
│   └── Root.vue
```

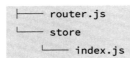
```
├── router.js
└── store
    └── index.js
```

今回テストの対象とするのは、次の4つのディレクトリに格納している.vueファイルです。
- basiscs
- components
- containers
- pages

各ディレクトリの役割については第4章「ディレクトリ構成とコンポーネントの分類」にて紹介していますので、まだ読んでいない場合は先に目を通しておくのをお勧めします。

7.4 Jestの使い方と機能

コンポーネントのテストを書く前に、テストランナー兼アサーションライブラリのJestについて、使い方と機能を軽く紹介します。

7.4.1 テストランナーとは

テストランナーとは、テストを実行してくれるツールです。.spec.jsもしくは.test.jsという拡張子のファイルをテストファイルとして認識して、テストケースをすべて、または個別に実行してくれます。

7.4.2 アサーション（expect）

アサーションとは、プログラムが意図したとおりの動作をしていない場合に、メッセージを表示したり、例外を投げたりするものです。意図したとおりに動作」している場合には何も起きません。
Jestにはアサーションを行うための機能が備わっており、テストケースの実行時にはグローバル変数としてexpectという関数が使えます。次のリスト7.3はexpectの使用例です。

リスト7.3: expectの使用例
```
const wrapper = mount(MyComponent) // Vueコンポーネントのコンパイル
expect(wrapper.vm.isSelected).toBe(true)
```

リスト7.3では、wrapper.vm.isSelectedがtrueかどうかを確認しています。もしテスト実行時にこの値がfalseとなっていた場合、ここでテストが失敗し、期待した値になっていないことを通知するメッセージが表示されます。テストが失敗することを**テストがコケる**、**テストが落ちる**といった表現をすることがあります。
expectの機能については、都度解説していきますが、詳細を知りたい方は公式のドキュメント[1]で

1.https://jestjs.io/docs/ja/expect

確認ください。

7.4.3　describeとit

　テストはある程度の細かさに分けた複数のテストケースで構成します。このとき使うのがdescribe()とit()です。describeはテストケースをまとめる単位として、itはテストケースそのものになります。

　リスト7.4はテストの例です。describe()のコールバック関数として個別のテストケースであるit()をグループ分けします。

リスト7.4: testsample

```
describe("MyComponent.vue", () => {
  it("propsのテスト", () => {
    const wrapper = shallowMount(MyComponent, { propsData: {text: "test"} })
    expect(wrapper.props().text).toBe("test")
  })
})
```

　describe()はdescribe()を内包することができるので、テストケースを意味のある単位でグループ分けすることで、似たような対象を検証するテストケースのまとまりを作ることができます。

　もしJestやJavaScriptのテストについてあまり詳しくない場合は、一度公式ドキュメントの**テストのセットアップ**[2]について目をとおしておくことをお勧めします。

---

itとtest

　Jestではit()とtest()は同一のものですが、JavaScriptの単体テストの習慣から筆者はitを好んで使っています。どちらを使っても動作は変わりませんので、好みの方を使ってください。

7.4.4　スナップショットテスト

　Jestには、スナップショットと呼ばれるコンポーネントのレンダリング結果を比較する機能があります。比較するのは正しいレンダリング結果として保存したスナップショットです。このスナップショットは初回テスト時には存在しないので、テストケースを追加した初回にはスナップショットを作成するコマンドを実行します。

　正しいレンダリング結果をスナップショットとして保存すると、以降のテストではこのスナップショットとレンダリング結果を比較します。もしコンポーネントにレンダリング結果が変わるような変更を入れた場合、このスナップショットテストは失敗します。変更が意図したものであればスナップショットを更新します。もし意図してない変更であった場合にはバグの発生を意味するので、修正する必要があることがわかります。

2.https://jestjs.io/docs/ja/setup-teardown

スナップショットテストは、レンダリング周りの単純なテストあればほとんどのケースをカバーできるので、テスト作成のコストを大幅に減らせる可能性を秘めています。スナップショットテストの実行方法については実際のテストケースで紹介します。

7.5 vue-test-utils

vue-test-utils は、Vueコンポーネントをテストするためのユーティリティライブラリです。propsを渡してコンポーネントをマウントする機能や、コンポーネントの子コンポーネントをダミーに置き換える機能、methodsの関数を上書きする機能など、テストの際に便利な機能が揃っています。

7.5.1 mountとshallowMount

Vueコンポーネントのテストでは、まずmountかshallowMaountを使って、Vueコンポーネントをマウントするところから始めます。どちらもVueコンポーネントをマウントする関数ですが、次のような違いがあります。

- mount: 子コンポーネントに実際のコンポーネントを使う
- shallowMount: 子コンポーネントをダミーコンポーネントに差し替える

コンポーネント単体のテストには、基本的にshallowMountを使います。子コンポーネントをそのまま使うと、子コンポーネントの動作まで検証するようなテストになってしまう可能性が高くなります。

また、子コンポーネントの機能などが変わったときに、親コンポーネントもテストまでもが影響を受けてしまいます。コンポーネント単体のテストでは基本的にshallowMaountを使い、コンポーネント同士で連携が必要な動作を検証するときにだけmountを使うようにするとよいでしょう。

7.5.2 コンポーネントラッパー

mountとshallowMountを実行すると、マウントされたコンポーネントと、コンポーネントを検証するための関数を含むラッパーオブジェクトを返します。コンポーネントのVueインスタンス（vm）や仮想DOMは、このコンポーネントラッパーを通して取得/検証を行います。

リスト7.5: コンポーネントラッパーの作成

```
const wrapper = shallowMount(SiteTitle, { propsData })
```

リスト7.5のwrapperがコンポーネントラッパーです。wrapperにはVueインスタンスの値を取得する関数だけでなく、Vueインスタンスの値を上書きする関数も用意されています。

7.5.3 使用頻度の高い関数

使用頻度の高いコンポーネントラッパーの関数を紹介します。すべての関数の詳細については、公式のドキュメント[3]を参照ください。

3.https://vue-test-utils.vuejs.org/ja/api/wrapper/

props() と setProps()

props() は Vue インスタンスの props を取得する関数です。setProps() は Vue インスタンスに props で値を渡す関数です。

作成した Vue インスタンスの props の値を確認するときや、props の値を更新したいときに使います。

setMethods()

setMethods() は Vue インスタンスの methods を上書きする関数です。ボタンをクリックしたときや、イベントが発生したときに呼ばれる関数を mock に差し替える、といった使い方をします。

emitted()

emitted() は Vue インスタンスで $emit() されたイベントと、$emit() の際に引数に渡された値を取得できます。

find() と findAll()

find() と findAll() は、Vue インスタンスの DOM の中から、セレクタに一致する DOM ノードまたは Vue コンポーネントを取得するのに使います。たとえば、ボタンがクリックされたときの検証をしたい場合などでは wrapper.find("button") でボタン要素を探します。

trigger()

trigger() は find() などで探した DOM ノードに対して、DOM イベントを発火します。たとえば wrapper.find("button").trigger("click") とすれば、コンポーネントの中から最初に見つかった button 要素に対してクリックイベントを発火できます。

7.6　basicのテスト

それでは実際にテストを書いていきます。まずは一番小さいコンポーネントの単位である **basic** のテストです。**basic** は一番小さいコンポーネントですので、テストケースもシンプルになる傾向があります。もし **basic** のコンポーネントのテストが「なんかめんどくさいな」となったら、コンポーネントの分割がうまくいっていない可能性があるので、見直してみるとよいかもしれません。

7.6.1　SiteTitle.vue

テストの対象は SiteTitle.vue です。このコードはリスト 7.6 のようになっています。

リスト7.6: SiteTitle.vue

```
<template>
  <div class="SiteTitle">
    {{title}}
  </div>
</template>
```

```
<script>
export default {
  name: "SiteTitle",
  props: {
    title: String,
  },
}
</script>
```

SiteTitle.vue のテスト

SiteTitle.vue に対してのテストは次のリスト 7.7 のようになります。

リスト 7.7: SiteTitle.spec.js

```
import { shallowMount } from "@vue/test-utils"
import SiteTitle from "@/basics/SiteTitle.vue"
describe("SiteTitle.vue", () => {
  // props で渡す値の準備
  const propsData = {
    title: "test title",
  }
  it("props", () => {
    // コンポーネントラッパーの作成
    const wrapper = shallowMount(SiteTitle, { propsData })
    // Vue インスタンスの props が propsData と同じか
    expect(wrapper.props()).toEqual(propsData)
  })
  describe("template", () => {
    it("snapshot", () => {
      const wrapper = shallowMount(SiteTitle, { propsData })
      // レンダリング結果が前回のスナップショットと同じか
      expect(wrapper.vm.$el).toMatchSnapshot()
    })
  })
})
```

const wrapper = shallowMount(SiteTitle, { propsData) でコンポーネントに props で値を渡して、expect(wrapper.props()).toEqual(propsData) で props を期待どおりに受け取れているかを確認しています。

7.6.2 スナップショットテストの実行

expect(wrapper.vm.$el).toMatchSnapshot()はスナップショットテストです。スナップショットとレンダリング結果を比較して、一致しなければこのテストケースは失敗します。

テストケースの初回実行時にはスナップショットが存在しないので、**npm**でスナップショットを作成するコマンドを実行します。

```
$ npm run test:update-snapshot
```

以降はこのスナップショットとレンダリング結果が比較されます。

vue-cli-serviceや**jest**コマンドを直接実行する場合には、-uオプションをつけるとスナップショットを更新できます。

7.7 componentのテスト

次は**component**のテストです。**component**もStoreやRouterに依存しないように作成しているので、**basic**のテストと基本は変わりません。

ここからは主要なテストケースに絞って紹介します。

7.7.1 Menu.vue と MenuItem.vue

次は**component**のテストです。テストの対象はMenu.vueとMenuItem.vueです。

Menu.vueとMenuItem.vueは、それぞれリスト7.8とリスト7.9のようになっています。

リスト7.8: Menu.vue

```
<template>
  <div class="Menu">
    <MenuItem class="Menu_Item"
      v-for="item in items"
      :key="item.label"
      v-bind="item"
      @clickMenuItem="onClickMenuItem"
    />
  </div>
</template>

<script>
import MenuItem from "./Menu/MenuItem.vue"
export default {
  name: "Menu",
  components: {
    MenuItem,
```

```
  },
  props: {
    items: Array,
  },
  methods: {
    onClickMenuItem({ name }) {
      this.$emit("clickMenuItem", { name })
    },
  },
}
</script>
```

リスト7.9: MenuItem.vue

```
<template>
  <div class="MenuItem">
    <span class="MenuItem_Label"
      @click="clickMenuItem"
    >
      {{label}}
    </span>
  </div>
</template>

<script>
export default {
  name: "MenuItem",
  props: {
    label: String,
    name: String,
  },
  methods: {
    clickMenuItem() {
      this.$emit("clickMenuItem", { name: this.name })
    },
  },
}
</script>
```

methodsのテスト

Menu.vueのmethodsをテストします。

44 | 第7章 テストを書く

リスト7.10: methodsのテスト

```
describe("methods", () => {
  it("clickMenuItem", () => {
    const wrapper = mount(Menu, { propsData })
    // onClickMenuItem()の実行
    wrapper.vm.onClickMenuItem(menuItems[0])
    // "clickMenuItem"イベントがemitされているか
    expect(wrapper.emitted("clickMenuItem")).toBeTruthy()
    // emit時の引数が期待している値と同じか
    expect(wrapper.emitted("clickMenuItem")[0][0]).toEqual({
      name: menuItems[0].name,
    })
  })
})
```

　Vueインスタンスのmethodsは、コンポーネントラッパーのvmプロパティから参照/実行できます。リスト7.10では、wrapper.vm.onClickMenuItem()で関数を実行して、wrapper.emitted("clickMenuItem")がtrueと評価される値かどうかで"clickMenuItem"イベントが発火しているかどうかを確認しています。

MenuItemとの結合テスト

　Menu.vueは子コンポーネントとしてMenuItem.vueを使用しています。ここでは@clickMenuItem="onClickMenuItem"としている箇所をテストしたいので、リスト7.11のようなテストケースを作成します。

リスト7.11: 子コンポーネントからの$emitのテスト

```
// mountによる結合テスト
it("@clickMenuItem=onClickMenuItem", () => {
  const mock = jest.fn()
  const wrapper = mount(Menu, { propsData })
  // onClickMenuItemをmockに差し替える
  wrapper.setMethods({
    onClickMenuItem: mock,
  })
  // MenuItemコンポーネントを探す
  const menuItem = wrapper.find(MenuItem)
  // "clickMenuItem"イベントをemitする関数を実行
  menuItem.vm.clickMenuItem()
  // mock実行時に期待する引数が渡されているか
  expect(mock).toHaveBeenCalledWith({
    name: menuItems[0].name,
```

第7章　テストを書く　45

```
  })
})
```

　まずVueインスタンスからfind()でMenuItemコンポーネントのVueインスタンスを探し、
toHaveBeenCalledWith()でmock関数が引数に同じ値を指定して実行されているかを確認します。
　このテストケースでは、"onClickMenuItem"イベントが子コンポーネントから発火したときに
onClickMenuItem()が実行されるかどうかだけが関心の対象です。onClickMenuItem()の中身がど
ういった処理なのかは関係ないので、onClickMenuItemはjest.fn()で作成したモック関数mockに
置き換えます。

MenuItemのテスト
　MenuItem.vueの主要なテストは、DOMイベントが発火したときに関数が実行されるかを確認す
るテストです。テストケースはリスト7.12のようになります。

リスト7.12: click イベントのテスト
```
it("@click=clickMenuItem", () => {
  // モック関数の作成
  const mock = jest.fn()
  const wrapper = shallowMount(MenuItem, { propsData })
  // clickMenuItem() をmockに置き換える
  wrapper.setMethods({
    clickMenuItem: mock,
  })
  // DOM を探してクリックする
  wrapper.find(".MenuItem_Label").trigger("click")
  // mock が呼ばれているか
  expect(mock).toHaveBeenCalled()
})
```

　このテストケースでは、リスト7.11と同じようにjest.fn()で作成したモック関数でclickMenuItem
を置き換えます。そしてfind()を使ってDOM要素を探して、trigger()によって"click"イベン
トを発火します。さいごにtoHaveBeenCalled()でmockが実行されたかを確認します。
　テスト全体のソースは付録A「テストコード」の「A.2 Menu.spec.js」と「A.3 MenuItem.spec.js」
を参照ください。

7.8　containerのテスト

　次にconteinrのテストです。conteinrはStoreに依存しているので、Storeのモックを作成し
ます。

46　　第7章　テストを書く

7.8.1　GlobalHeader.vue

テストの対象は`GlobalHeader.vue`です。このコードはリスト7.13のようになっています。

リスト7.13: GlobalHeader.vue

```
<template>
  <header class="GlobalHeader">
    <Logo class="GlobalHeader_Logo" />
    <span class="GlobalHeader_SiteTitle"
      @click="navigateRoot"
    >
      <SiteTitle :title="siteTitle"/>
    </span>
    <Menu class="GlobalHeader_Menu"
      :items="menuItems"
      @clickMenuItem="onClickMenuItem"
    />
  </header>
</template>

<script>
import { mapState } from "vuex"
import Logo from "../basics/Logo.vue"
import SiteTitle from "../basics/SiteTitle.vue"
import Menu from "../components/Menu.vue"
export default {
  name: "GlobalHeader",
  components: {
    Logo,
    SiteTitle,
    Menu,
  },
  computed: {
    ...mapState(["siteTitle", "menuItems"]),
  },
  methods: {
    onClickMenuItem({ name }) {
      this.$emit("navigate", { name })
    },
    navigateRoot() {
      this.$emit("navigate", { name: "root" })
    },
```

第7章　テストを書く　｜　47

```
  },
}
</script>
```

7.8.2 テストでVuexを使う

GlobalHeader.vueは、mapStateなどVuexの機能に依存しています。テストを行うにはVuex
Storeを再現します。

テストでVuexを使う場合、他のテストケースのVueコンストラクタに影響を与えないように[4]、
リスト7.14のように、vue-test-utilsのcreateLocalVueを使用してlocalVueを作成して使う必要が
あります。

リスト7.14: localVueの作成とVuexのインストール
```
import { shallowMount, createLocalVue } from "@vue/test-utils"
import Vuex from "vuex"
const localVue = createLocalVue()
localVue.use(Vuex)
```

そしてテストケースの実行前にstoreが毎回同じ状態になるようにbeforeAllでstoreを初期化
します。

リスト7.15: Storeの初期化
```
describe("ContainerComponent.vue", () => {
  let store

  // 全てのテストの前にstoreを初期化
  beforeAll(() => {
    store = new Vuex.Store({
      state: {
        siteTitle: "test site title",
        menuItems,
      },
    })
  })
  it("some test", () => {
    // Vueインスタンス作成時にstoreとlocalVueを渡す
    const wrapper = shallowMount(ContainerComponent, { store, localVue })
  })
})
```

4.https://vue-test-utils.vuejs.org/ja/guides/using-with-vuex.html

48 | 第7章 テストを書く

初期化したstoreはコンポーネントラッパーの作成時にlocalVueと一緒に渡して使います。

Storeを使ったテスト

Storeを使ったテストはリスト7.16のようになります。

リスト7.16: Vueインスタンスにstoreを渡す

```javascript
beforeAll(() => {
  store = new Vuex.Store({
    state: {
      siteTitle: "test site title",
      menuItems,
    },
  })
})


describe("methods", () => {
  it("clickMenuItem", () => {
    // Vueインスタンス作成時にstoreとlocalVueを渡す
    const wrapper = shallowMount(GlobalHeader, { store, localVue })
    wrapper.vm.onClickMenuItem(menuItems[0])
    expect(wrapper.emitted("navigate")).toBeTruthy()
    expect(wrapper.emitted("navigate")[0][0]).toEqual({
      name: menuItems[0].name,
    })
  })
})
```

テスト全体のソースは付録A「テストコード」の「A.4 GlobalHeader.spec.js」を参照ください。

7.9　pageのテスト

7.9.1　Root.vue

テストの対象はRoot.vueです。このコードはリスト7.17のようになっています。

リスト7.17: Root.vue

```html
<template>
  <div class="Root">
    <GlobalHeader @navigate="onNavigate"/>
    <Logo class="Root_Logo"/>
  </div>
</template>
```

```
<script>
import GlobalHeader from "../containers/GlobalHeader.vue"
import Logo from "../basics/Logo.vue"
export default {
  name: "Root",
  components: {
    GlobalHeader,
    Logo,
  },
  methods: {
    onNavigate({ name }) {
      this.$router.push({ name })
    },
  },
}
</script>
```

7.9.2　Vue Router のテスト

　Vue Router のテストも「7.8.2 テストで Vuex を使う」の説で紹介したように、他のテストケースへの影響を避けるために localVue を使ってインストールする必要があります。

　ただし、$router の関数の実行や、$route の値を参照するような何かをテストしたい場合には、Vue Router をインストールせずにリスト 7.18 のように $router や $route をモックする[5]ことで行います。

リスト 7.18: routermock

```
let $router
let $route
beforeAll(() => {
  // $router を模したオブジェクトの作成

  $router = {
    push: jest.fn(),
  }
  $route = {
    path: "/about",
    name: "about"
  }
})
```

5.https://vue-test-utils.vuejs.org/ja/guides/using-with-vue-router.html

```
it("test router", () => {
  const wrapper = shallowMount(PageComponent, {
    mocks: {
      $route,
      $router,
    },
  })
})
```

$router.push のテスト

　onNavigate が実行されたとき、$router.push() が呼ばれることを確認します。

リスト 7.19:

```
let store
let $router
beforeAll(() => {
  store = new Vuex.Store({
    state: {
      siteTitle: "test site title",
      menuItems,
    },
  })
  // $routerのモックを作成
  $router = {
    push: jest.fn(), // $router.pushをモック関数にしておく
  }
})
describe("methos", () => {
  it("onNavigate", () => {
    // Vueインスタンス作成時に$routerプロパティを注入する
    const wrapper = shallowMount(Root, { store, localVue, mocks: { $router } })
    wrapper.vm.onNavigate({ name: "root" })
    // mock化した$router.pushが呼ばれているか
    expect($router.push).toHaveBeenCalledWith({
      name: "root",
    })
  })
})
```

　テスト全体のソースは付録 A「テストコード」の「A.5 Root.spec.js」を参照ください。

第 7 章　テストを書く　　51

これで4種類のコンポーネントのテストは完了です。

付録A　テストコード

A.1　SiteTitle.spec.js

リストA.1: SiteTitle.spec.js

```
import { shallowMount } from "@vue/test-utils"
import SiteTitle from "@/basics/SiteTitle.vue"
describe("SiteTitle.vue", () => {
  // props で渡す値の準備
  const propsData = {
    title: "test title",
  }
  it("props", () => {
    // コンポーネントラッパーの作成
    const wrapper = shallowMount(SiteTitle, { propsData })
    // Vue インスタンスの props が propsData と同じか
    expect(wrapper.props()).toEqual(propsData)
  })
  describe("template", () => {
    it("snapshot", () => {
      const wrapper = shallowMount(SiteTitle, { propsData })
      // レンダリング結果が前回のスナップショットと同じか
      expect(wrapper.vm.$el).toMatchSnapshot()
    })
  })
})
```

A.2　Menu.spec.js

リストA.2: Menu.spec.js

```
import { mount } from "@vue/test-utils"
import Menu from "@/components/Menu.vue"
import MenuItem from "@/components/Menu/MenuItem.vue"
import menuItems from "../_mockData/menuItems.json"
describe("Menu.vue", () => {
  const propsData = {
```

付録A　テストコード　53

```
      items: menuItems,
    }
    it("props", () => {
      const wrapper = mount(Menu, { propsData })
      expect(wrapper.props()).toEqual(propsData)
    })
    describe("methods", () => {
      it("clickMenuItem", () => {
        const wrapper = mount(Menu, { propsData })
        // onClickMenuItem() の実行
        wrapper.vm.onClickMenuItem(menuItems[0])
        // "clickMenuItem"イベントがemitされているか
        expect(wrapper.emitted("clickMenuItem")).toBeTruthy()
        // emit時の引数が期待している値と同じか
        expect(wrapper.emitted("clickMenuItem")[0][0]).toEqual({
          name: menuItems[0].name,
        })
      })
    })
    describe("template", () => {
      it("snapshot", () => {
        const wrapper = mount(Menu, { propsData })
        expect(wrapper.vm.$el).toMatchSnapshot()
      })
    })

    // mountによる結合テスト
    it("@clickMenuItem=onClickMenuItem", () => {
      const mock = jest.fn()
      const wrapper = mount(Menu, { propsData })
      // onClickMenuItem をmockに差し替える
      wrapper.setMethods({
        onClickMenuItem: mock,
      })
      // MenuItem コンポーネントを探す
      const menuItem = wrapper.find(MenuItem)
      // "clickMenuItem"イベントをemitする関数を実行
      menuItem.vm.clickMenuItem()
      // mock実行時に期待する引数が渡されているか
      expect(mock).toHaveBeenCalledWith({
        name: menuItems[0].name,
```

```
      })
    })
  })
```

A.3　MenuItem.spec.js

リスト A.3: MenuItem.spec.js

```
import { shallowMount } from "@vue/test-utils"
import MenuItem from "@/components/Menu/MenuItem.vue"
import menuItems from "../../_mockData/menuItems.json"
describe("MenuItem.vue", () => {
  const propsData = menuItems[0]
  it("props", () => {
    const wrapper = shallowMount(MenuItem, { propsData })
    expect(wrapper.props()).toEqual(propsData)
  })
  describe("methods", () => {
    it("clickMenuItem", () => {
      const wrapper = shallowMount(MenuItem, { propsData })
      // clickMenuItem()の実行
      wrapper.vm.clickMenuItem()
      // "clickMenuItem"イベントがemitされているか
      expect(wrapper.emitted("clickMenuItem")).toBeTruthy()
      // emit時の引数が期待している値と同じか
      expect(wrapper.emitted("clickMenuItem")[0][0]).toEqual({
        name: propsData.name,
      })
    })
  })
  describe("template", () => {
    it("@click=clickMenuItem", () => {
      // モック関数の作成
      const mock = jest.fn()
      const wrapper = shallowMount(MenuItem, { propsData })
      // clickMenuItem()をmockに置き換える
      wrapper.setMethods({
        clickMenuItem: mock,
      })
      // DOMを探してクリックする
      wrapper.find(".MenuItem_Label").trigger("click")
```

付録A　テストコード　| 55

```
      // mockが呼ばれているか
      expect(mock).toHaveBeenCalled()
    })
    it("snapshot", () => {
      const wrapper = shallowMount(MenuItem, { propsData })
      expect(wrapper.vm.$el).toMatchSnapshot()
    })
  })
})
```

A.4　GlobalHeader.spec.js

リストA.4: GlobalHeader.spec.js

```
import { shallowMount, mount, createLocalVue } from "@vue/test-utils"
import GlobalHeader from "@/containers/GlobalHeader.vue"
import Menu from "@/components/Menu.vue"
import Vuex from "vuex"
import menuItems from "../_mockData/menuItems.json"
// localのVueを作る
const localVue = createLocalVue()
// localのVueにVuexをインストール
localVue.use(Vuex)
describe("GlobalHeader.vue", () => {
  let store

  // 毎テストケース実行前にstoreを初期化する
  beforeAll(() => {
    store = new Vuex.Store({
      state: {
        siteTitle: "test site title",
        menuItems,
      },
    })
  })

  describe("methods", () => {
    it("clickMenuItem", () => {
      // Vueインスタンス作成時にstoreとlocalVueを渡す
      const wrapper = shallowMount(GlobalHeader, { store, localVue })
      wrapper.vm.onClickMenuItem(menuItems[0])
```

56 ｜ 付録A　テストコード

```
      expect(wrapper.emitted("navigate")).toBeTruthy()
      expect(wrapper.emitted("navigate")[0][0]).toEqual({
        name: menuItems[0].name,
      })
    })
    it("navigateRoot", () => {
      const wrapper = shallowMount(GlobalHeader, { store, localVue })
      wrapper.vm.navigateRoot()
      expect(wrapper.emitted("navigate")).toBeTruthy()
      expect(wrapper.emitted("navigate")[0][0]).toEqual({
        name: "root",
      })
    })
  })

  describe("template", () => {
    it("@click=navigateRoot", () => {
      const mock = jest.fn()
      const wrapper = shallowMount(GlobalHeader, { store, localVue })
      wrapper.setMethods({
        navigateRoot: mock,
      })
      wrapper.find(".GlobalHeader_SiteTitle").trigger("click")
      expect(mock).toHaveBeenCalled()
    })
    it("@clickMenuItem=onClickMenuItem", () => {
      const mock = jest.fn()
      const wrapper = shallowMount(GlobalHeader, { store, localVue })
      wrapper.setMethods({
        onClickMenuItem: mock,
      })
      const menu = wrapper.find(Menu)
      menu.vm.$emit("clickMenuItem")
      expect(mock).toHaveBeenCalled()
    })
    it("snapshot", () => {
      const wrapper = mount(GlobalHeader, { store, localVue })
      expect(wrapper.vm.$el).toMatchSnapshot()
    })
  })
})
```

付録A　テストコード　57

A.5 Root.spec.js

リスト A.5: Root.spec.js

```javascript
import { createLocalVue, shallowMount } from "@vue/test-utils"
import Vuex from "vuex"
import menuItems from "../_mockData/menuItems.json"
import Root from "@/pages/Root.vue"
import GlobalHeader from "@/containers/GlobalHeader.vue"
const localVue = createLocalVue()
localVue.use(Vuex)
describe("Root.vue", () => {
  let store
  let $router
  beforeAll(() => {
    store = new Vuex.Store({
      state: {
        siteTitle: "test site title",
        menuItems,
      },
    })
    // $routerのモックを作成
    $router = {
      push: jest.fn(), // $router.pushをモック関数にしておく
    }
  })
  describe("methos", () => {
    it("onNavigate", () => {
      // Vueインスタンス作成時に$routerプロパティを注入する
      const wrapper = shallowMount(Root, { store, localVue, mocks: { $router } })
      wrapper.vm.onNavigate({ name: "root" })
      // mock化した$router.pushが呼ばれているか
      expect($router.push).toHaveBeenCalledWith({
        name: "root",
      })
    })
  })
  describe("template", () => {
    it("@navigate=onNavigate", () => {
      const mock = jest.fn()
      const wrapper = shallowMount(Root, { store, localVue, mocks: { $router } })
      wrapper.setMethods({
```

58 ┃ 付録A テストコード

```
      onNavigate: mock,
    })
    const globalHeader = wrapper.find(GlobalHeader)
    // "navigate"イベントをemitする
    globalHeader.vm.$emit("navigate")
    expect(mock).toHaveBeenCalled()
  })
  it("snapshot", () => {
    const wrapper = shallowMount(Root, { store, localVue, mocks: { $router } })
    expect(wrapper.vm.$el).toMatchSnapshot()
  })
 })
})
```

あとがき

　読んでいただきありがとうございました。当初の予定より書きたいことが多くなり、そこそこのボリュームでお送りしましたが、いかがでしたでしょうか。

　本書はこれまでVue.jsや他のライブラリを使ってきて貯まっていた、筆者の頭の中にある「こうしたらヨサソウ」を文章化したものです。もともとはVue Fes JapanのCFPとして送ったネタですが、落選して行き場を失っていたので、こうして1冊の本としてまとめられてよかったです。

　筆者は普段CodeGridという技術系メディアで執筆していますが、Webと紙媒体という違いを意識してしまい、少し筆の進みが遅くなったりもしました。ですが、スパイダーマンのゲームを早くやりたいという一心でなんとか書ききることができました。Marvelに深く感謝します。あと執筆中にゲームをしながら励ましてくれた妻にも感謝します。

　繰り返しになりますが本書を手にとっていただきありがとうございます。本書の何かひとつでも開発の役に立てば幸いです。

著者紹介

中島 直博（なかじま なおひろ）

株式会社ピクセルグリッド所属のフロントエンド・エンジニア。v0.10からVue.jsを使い始め、業務/個人を問わず数多くのプロジェクトで採用経験あり。

◎本書スタッフ
アートディレクター/装丁：岡田章志＋GY
表紙イラスト：中島 佑里恵
編集協力：飯嶋玲子
デジタル編集：栗原 翔

技術の泉シリーズ・刊行によせて
技術者の知見のアウトプットである技術同人誌は、急速に認知度を高めています。インプレスR&Dは国内最大級の即売会「技術書典」（https://techbookfest.org/）で頒布された技術同人誌を底本とした商業書籍を2016年より刊行し、これらを中心とした『技術書典シリーズ』を展開してきました。2019年4月、より幅広い技術同人誌を対象とし、最新の知見を発信するために『技術の泉シリーズ』へリニューアルしました。今後は「技術書典」をはじめとした各種即売会や、勉強会・LT会などで頒布された技術同人誌を底本とした商業書籍を刊行し、技術同人誌の普及と発展に貢献することを目指します。エンジニアの"知の結晶"である技術同人誌の世界に、より多くの方が触れていただくきっかけになれば幸いです。

株式会社インプレスR&D
技術の泉シリーズ　編集長　山城 敬

●お断り
掲載したURLは2018年11月1日現在のものです。サイトの都合で変更されることがあります。また、電子版ではURLにハイパーリンクを設定していますが、端末やビューアー、リンク先のファイルタイプによっては表示されないことがあります。あらかじめご了承ください。
●本書の内容についてのお問い合わせ先
株式会社インプレスR&D　メール窓口
np-info@impress.co.jp
件名に『『本書名』問い合わせ係』と明記してお送りください。
電話やFAX、郵便でのご質問にはお答えできません。返信までには、しばらくお時間をいただく場合があります。なお、本書の範囲を超えるご質問にはお答えしかねますので、あらかじめご了承ください。
また、本書の内容についてはNextPublishingオフィシャルWebサイトにて情報を公開しております。
https://nextpublishing.jp/

●落丁・乱丁本はお手数ですが、インプレスカスタマーセンターまでお送りください。送料弊社負担 にてお取り替えさせていただきます。但し、古書店で購入されたものについてはお取り替えできません。
■読者の窓口
インプレスカスタマーセンター
〒 101-0051
東京都千代田区神田神保町一丁目 105番地
TEL 03-6837-5016／FAX 03-6837-5023
info@impress.co.jp
■書店／販売店のご注文窓口
株式会社インプレス受注センター
TEL 048-449-8040／FAX 048-449-8041

技術の泉シリーズ
後悔しないためのVueコンポーネント設計

2019年6月28日　初版発行Ver.1.0（PDF版）

著　者　中島 直博
編集人　山城 敬
発行人　井芹 昌信
発　行　株式会社インプレスR&D
　　　　〒101-0051
　　　　東京都千代田区神田神保町一丁目105番地
　　　　https://nextpublishing.jp/
発　売　株式会社インプレス
　　　　〒101-0051　東京都千代田区神田神保町一丁目105番地

●本書は著作権法上の保護を受けています。本書の一部あるいは全部について株式会社インプレスR&Dから文書による許諾を得ずに、いかなる方法においても無断で複写、複製することは禁じられています。

©2019 Naohiro Nakajima. All rights reserved.
印刷・製本　京葉流通倉庫株式会社
Printed in Japan

ISBN978-4-8443-9869-1

NextPublishing®

●本書はNextPublishingメソッドによって発行されています。
NextPublishingメソッドは株式会社インプレスR&Dが開発した、電子書籍と印刷書籍を同時発行できるデジタルファースト型の新出版方式です。https://nextpublishing.jp/